誰改變了世界？①

4個科學先驅的故事

目

錄

電磁的先驅

法拉第

電的影響力近乎無處不在，各種日常事物都離不開電，諸如用於工作玩樂的電腦、煮食用的電磁爐、冷藏食物的冰箱、令人涼快的冷氣機、用來照明的電燈、上落樓層的升降機、載運乘客的鐵路，甚至近乎「萬能」的手機，莫不依靠電去運作。此重要能源在大約百多年前，才有人發現穩定產生的方法，他就是科學偉人之一——米高・法拉第（Michael Faraday）。

初出茅廬

不過，這「偉人」年青時卻因出身低下而受盡白眼。時值1814年，23歲的法拉第跟隨導師**戴維**[*]（Humphry Davy）遊歷歐洲。當時他的身份是研究助理，但所做的工作卻與僕人無異，戴維的妻子更常對他**頤指氣使**。

遭受歧視令法拉第多次產生獨自回英國的念頭，但他始終隱忍不發。旅途上，回憶不時在腦海中浮現，令他想起成為皇家學會助理之前的事……

1791年9月22日，法拉第出生於英國倫敦的紐因頓。家中貧窮，主要靠父親打鐵維生。法拉第小學畢業後，就要出外工作，幫補家計。

1804年，他在一間印書店當學徒，將一疊疊印了文字的紙順序排列、壓實，再用線穿好，裝訂成書。因工作關係，法拉第得以

*漢弗里．戴維，英國化學家及發明家，一生中發現15種元素，更發明了安全礦燈和笑氣，被譽為「無機化學之父」。

接觸各式各樣的書籍，並從中汲取知識。工餘時，除了看書，他還會抄寫筆記，將自己所讀所想融會貫通，知識就這樣一點一滴地累積起來。

經過數年，法拉第成了獨當一面的裝訂匠。其間，他仍孜孜不倦地學習，甚至到私人教室上課，對科學知識尤感興趣。有次，一位相熟的顧客給他數張皇家學會講座的門票，講者是當時大受歡迎的化學家戴維。於是，法拉第便喜孜孜地跑去聽講座了。

戴維的演講十分精彩，深深吸引住法拉第。他即場抄下對方的說話，回家後細心整理，更自行寫上心得和繪製插圖。後來，法拉第寫了自薦信，並將自己匯集成篇的筆記裝訂成冊，一併寄給戴維，希望對方聘請自己擔任助手。

據說戴維收到這份「**禮物**」後，曾請教一位朋友，問：

於是，他向皇家學會提出申請，準備聘請對方為助理。

究竟戴維是否真的被法拉第的熱誠打動了呢？恐怕只有他自己才清楚。不過，數月前他進行氯氣實驗時發生意外，炸傷了眼睛，加上一個實驗室助理因鬧事而被辭退，他確實需要人手協助工作。總之，法拉第在1813年3月獲聘，開始數十年於皇家學會工作的生涯。初時，他除了幫助戴維做實驗，也須準備和整理器材，還要清洗所有實驗用的玻璃瓶子！

法拉第來到皇家學會工作不久，同年10月以秘書兼助理身份，與戴維及其新婚妻子開始那段既痛苦又快樂的歐洲之旅。

旅途上被歧視成了他的痛苦根源，有些學者得知法拉第只是小學畢業，就像戴維的妻子般瞧不起他。更甚的是連戴維也受妻子和其他人影響，對法拉第變得有點冷淡。

不過，他在這段旅程也獲益良多。其間，他和戴維在法國和意大利與許多科學家如安培等人見面，交換彼此的心得。又在各地的研究所進行實驗，得到新的發現，例如他們在巴黎研究新元素「碘」，又在佛羅倫斯研究甲烷，甚至是鑽石！

另外，法拉第在旅途上成功結識到一些對他友好的科學家，又習得法語和一點意大利語，更學會了演講的方法。這些都彌補他學識上的不足，為日後的事業打下穩固基礎。

1815年，眾人返回英國。同年5月，法拉第被委任為實驗室助理，兼任礦石收集及實驗儀器管理員。另外，他獲安排住進研究院頂樓一隅的房間。該房間成了他大半生的居所，直至退休為止。

一鳴驚人——
發現電磁旋轉

此後，法拉第除了協助其他科學家外，也會爭取時間進行物理及化學實驗。在物理方面，不得不提他最著名的**電磁研究**……

1820年某天，**奧斯特***正在課堂上向學生做示範實驗，偶然看到通電導線靠近**指南針**時，指南針內的磁針竟**劇烈擺動**。經過一再試驗後，他提出**電流**能產生自己的**磁場**。

這一重大發現引起歐洲其他科學家的注意。其中英國皇家學會院士**沃拉斯頓***將通電導線放在磁鐵附近，嘗試使導線繞着其軸線旋轉，

*漢斯・奧斯特（Hans Christian Ørsted）（1777-1851），丹麥物理學家及化學家。
*威廉・沃拉斯頓（William Hyde Wollaston）（1766-1828），英國物理學家及化學家。

卻因摩擦力阻礙而未能成功。那時其好友戴維曾與他討論相關實驗，而身為助理的法拉第也對其研究略有所聞。

後來，法拉第吸收對方的失敗結果，於1821年獨力做出著名的電磁旋轉實驗。

法拉第的電磁旋轉實驗

當兩個容器接上電池，並連接在一起，就形成封閉迴路。而水銀本身可成為導體，減低摩擦力。通電之後，可活動磁棒就繞着導線旋轉，而另一邊吊着的導線也繞着固定磁棒旋轉起來。

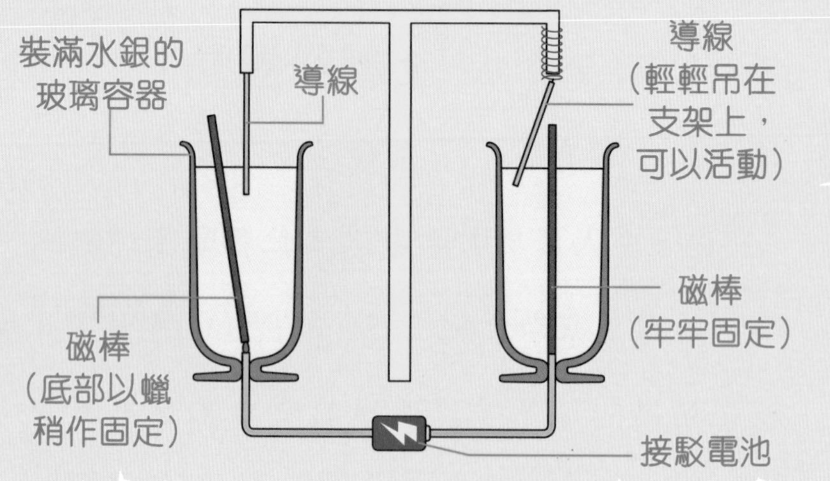

實驗成功證明電磁旋轉現象，這是一項足以震動整個科學界的成果！當時，法拉第欣喜若狂，跑去擁着自己的妻子大叫：

後來，法拉第憑着這種電磁性質，製造出第一個電動摩打。

在他發表結果後，果然隨即引起轟動。不過，他得到的不只是讚美，還有個大麻煩。由於他沒事先讓沃拉斯頓看自己的實驗就直接發表出來，令大家產生一個錯誤的印象——他剽竊別人的研究。

沃拉斯頓和戴維亦對此十分不滿。戴維甚至在一次公開討論會上，含沙射影地指責法拉第。當時法拉第誠惶誠恐，雖然整個實驗是他想出來的，但某些意念始終來自對方。他立即公開感謝沃拉斯頓的貢獻，以平息對方的憤怒。

除了電學，法拉第在化學方面也有出色的成就。1820年，他發現兩種新的化合物——四氯乙烯及六氯乙烷；1825年，他又發現苯這種化合物。這些成果令他成了著名的分析化學家，在英國嶄露頭角。

然而，1823年成功將氯氣液化的實驗，

卻成了與戴維關係惡化的**導火線**。

那年三月非常寒冷，法拉第趁戴維外出的空檔開始自己的實驗，在試管中嘗試將氯氣液化。當晚，戴維的朋友艾爾頓博士*來訪。當他看到試管內有些骯髒的油漬，認為法拉第做事太**馬虎**了，就責備他一頓。

*約翰・艾爾頓（John Ayrton Paris）（1785-1856），英國物理學家，曾替戴維撰寫過傳記。

法拉第甚麼都沒說，只是有點尷尬地撕開試管上的封蠟。這時，裏面的油漬竟漸漸消失，更飄出一陣氯的氣味！之後艾爾頓一言不發地離開，並將事情告訴戴維，對方大為震驚。第二天，當兩人回到實驗室，就看到桌上有張紙條寫道：

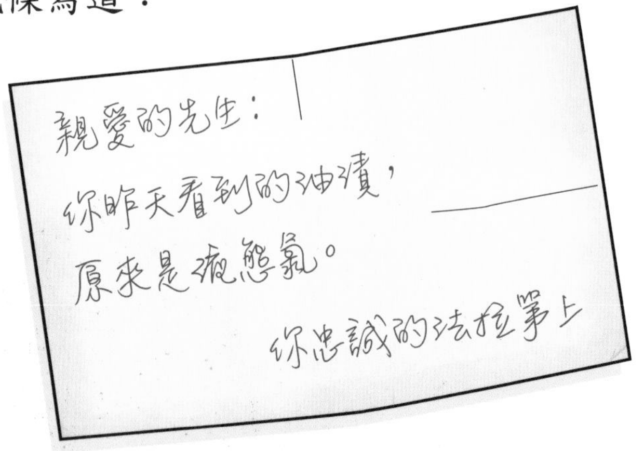

為免重蹈覆轍，法拉第預先將實驗結果和論文給戴維過目。意想不到的是對方竟在上面加了附註，聲明他曾要求法拉第進行該項

實驗，並預想了實驗結果。換言之，那成果應屬於他，而法拉第只是依照指示完成實驗而已。這與上次電磁旋轉引發誤會的情況不同，戴維近乎強搶對方的功勞，其妒忌心表露無遺！

雖然法拉第大受打擊，但也沒說甚麼。後來，他指出早在20年前，科學家諾茲莫*已成功製造一種液化氯。就這樣，他連戴維的聲明都否定了。不過，到法拉第成名後則堅稱自己研究出液化氯，而後世亦將此歸功於他。

經此一事，兩人顯著地交惡。1824年，法拉第獲提名皇家學會院士，但身為會長的戴維卻一再阻撓，結果延至多個月後，才能舉行不記名投票。結果，法拉第在多票贊成、

＊湯馬斯．諾茲莫（Thomas Northmore）（1766-1851），英國地質學家、發明家兼作家。

一票反對的情況下，成功獲選為院士。多年來，外界都猜測那張反對票是戴維投下的。

之後不知是**無心插柳**，還是**刻意制肘**，戴維請法拉第改進玻璃性能，使其無法全心投入電學實驗。直到1829年戴維去世後，法拉第才重拾電磁的研究，並發展出**更驚人的成就**。

發現電磁感應與製造發電機

之前提到奧斯特發現電能夠產生磁場，那麼相對地，**磁能否生電？那又如何產生？**當時，法拉第也在思考這問題，只是遇到瓶頸，又礙於有其他工作，便將之**擱置**下來，至1831年才重新研究。

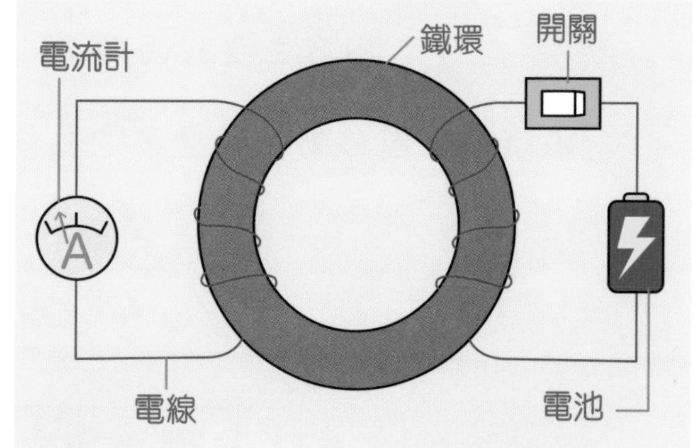

他在一個**鐵環**兩邊各自纏繞**線圈**，一邊接駁**電池**，另一邊則接駁一個**電流計**。當通電或斷電時，他發現電流計出現了**微**

小變化。之後，他進行多次實驗，終於成功發現電磁感應，只要改變磁場，就能令電線**受感應**而產生電。

以電線和磁鐵為例，當磁鐵在電線線圈之間**來回移動**，或以線圈在磁鐵外圍移動，電線就感應到磁場變化而產生電。另外，法拉第又提出一套見解，後世稱為「**法拉第電磁感應定律**」，內容主要有兩點：

①磁鐵或線圈移動的速度與電壓量成正比。

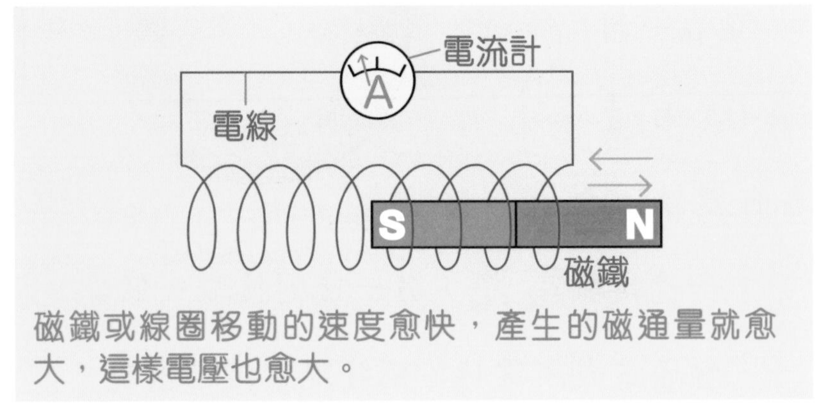

磁鐵或線圈移動的速度愈快，產生的磁通量就愈大，這樣電壓也愈大。

②線圈數目與電壓量成正比。

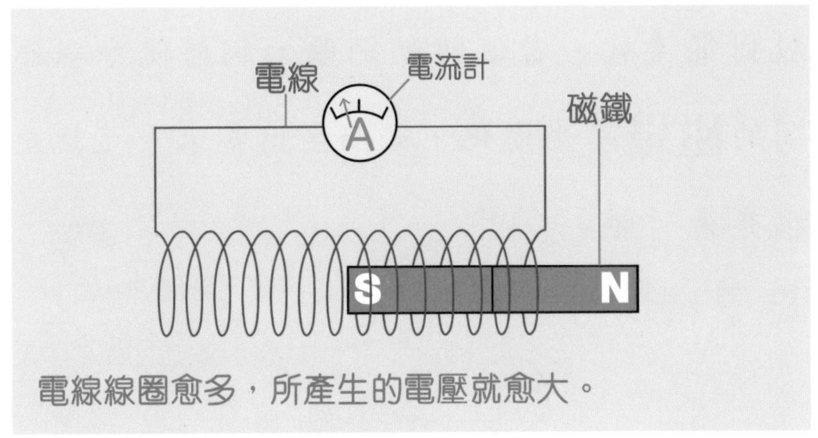

電線線圈愈多，所產生的電壓就愈大。

順帶一提，其實差不多同一時間，遠在美國的一位科學家約瑟·亨利（Joseph Henry）在彼此不知情下也發現了電磁感應，但因法拉第較早發表成果，故此成為官方認可的發現者。

1831年12月24日，法拉第正式發表論文。他製造了一部機器，示範如何利用電磁感應去產生電。他將一塊銅盤裝在軸上，放到U型磁鐵之間，軸的兩邊繞着電線，並接駁到電流計。當他轉動銅盤，銅盤便令磁鐵間的磁場產生變化，從而生出電來。這就是世界第一部發電機！

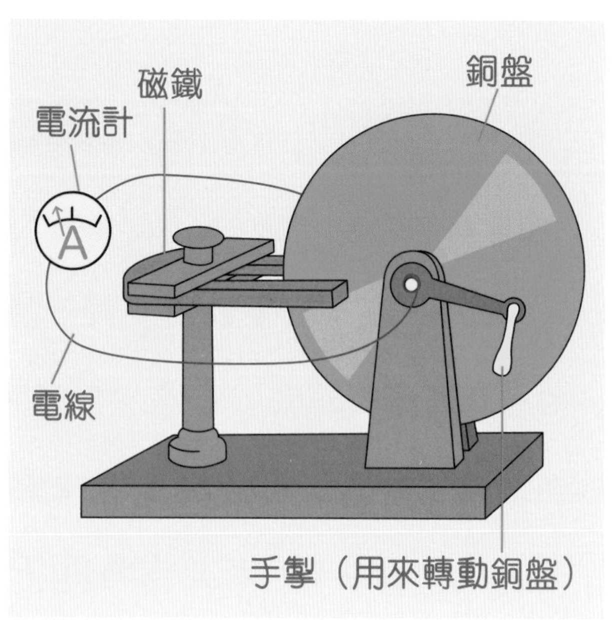

電磁感應的發現與發電機的出現，標誌着「電機工程」科學誕生。除電磁感應外，法拉第還做了電磁與光的關係、電解等各項研究，成果豐碩。

老少咸宜——
推行科普教育

自法拉第成為皇家學會院士，聲望日隆。他開始思考，要如何運用自身的地位去推廣科普教育。

1825年某天，當他上完課後，與學生在星期五晚上討論科學，這成了皇家學會「星期五之夜討論會」的起源。討論會從晚上9點開始，由學者演講一個主題，之後眾人就移師至圖書館暢談，還可享用茶點。

討論會人數並無限制，曾多達數百人參加。而且對外開放，上至王公貴族，下至平民

百姓都可進入演講廳，連維多利亞女王和總理大臣也出席過呢。同時，那裏也是發表新研究的場合，記者從中獲得科學資訊，並將之報道出來，藉此傳播知識。

「星期五之夜討論會」一直延續至今，成為英國皇家學會的重要節目之一。此外，學會還有另一個更著名的傳統節目，那就是於每年聖誕節舉行、專為兒童而設的「聖誕講座」。

它同樣於1825年首次舉辦，參加者主要是十多歲的小朋友，旨在為兒童傳授各種知識。為免小孩子分心，法拉第絞盡腦汁，想出生動有趣的手法向那些小聽眾講解內容，之後他亦要求其他演講者這樣做。

法拉第曾主持過19次講座，當中最著名的，莫過於1860年的「蠟燭的化學史」。

後來那場演講的內容被輯錄成書《蠟燭的化學史》，成為科普讀物的經典著作。

此後，「聖誕講座」成為皇家學會每年的重要節目，吸引大量小朋友參與其中。自1966年起，開始向全英國作電視直播，為更多青少年傳播科學知識。現在也可在互聯網重溫以往的講座內容，大家有興趣的話，可瀏覽英國皇家學會的網址 https://www.rigb.org/christmas-lectures/watch。

1861年，法拉第自皇家學會退休。但他並未停止工作，關注社會環境，早於1855開始，就一直留意泰晤士河的污染問題嚴重。他在河道各處放入白紙條，以檢測水的能見度，藉

FARADAY GIVING HIS CARD TO FATHER THAMES;
And we hope the Dirty Fellow will consult the learned Professor.

←此為1855年刊登於一本周刊上的漫畫，當中描述法拉第向骯髒的泰晤士河神遞上白色卡片，說明他的檢測實驗，並呼籲政府聽從法拉第的建議，清理河道。

此說明水受污染，變得極為混濁，要求政府建立污水處理系統，改善水質。

據說戴維在晚年與法拉第**和解**，曾說：「我一生中最大的發現，就是發現了法拉第。」姑勿論其真假，但的確，戴維一生擁有眾多發現及發明，其中最重要的就是為人類發掘出法拉第這位偉大科學家。

法拉第出身貧窮，靠着努力學習而成功，成

名後則回饋社會，幫助有需要的人。他時常提醒人們，不要小看渺小的東西，並曾在課堂說過：「科學教曉我們別忽視微不足道的源頭，它是所有偉大事物必要的起步點。就如水氣形成雲；雲輕如空氣，卻能生水滴；水滴聚成雨，便形成江河，足以改變國家的面貌，

甚至令海洋得以**豐盛**……它亦教曉我們從書本和導師學習既有的知識後，就要為自己與他人找出學習科學的方法，所以我們要對將來的人有所貢獻，如同我們從前人所得一樣。」

承先啟後，薪火相傳，法拉第也表現出這種精神啊！

微生物殺手

巴斯德

大家在冷藏櫃購買牛奶時，有否留意盒上印了一行「**經巴斯德消毒**」的句子？其實，「巴斯德」是指19世紀的著名化學家兼微生物學家——**路易．巴斯德**（Louis Pasteur）。至於何謂「巴斯德消毒」？那就要從這位既頑強又出色的微生物殺手生平說起……

故鄉的引導

1822年12月27日，巴斯德於法國東部的多勒出生，及後搬到附近的阿爾布瓦。那裏盛產葡萄，並以釀製葡萄酒聞名，年幼的巴斯德常常在漫山的葡萄間，與同伴嬉戲。另外，他也喜歡繪畫，擅於捕捉人物外表的細節，其天賦更一度得到老師讚賞，在鎮中也頗受好評。

不過，平凡的生活也曾泛起風波。據說他8歲時，鎮中發生一件可怕的事情。某天，巴斯德經過附近的鐵匠鋪，看到有個男人被牢牢按住，他的手臂有個很大的傷口。這時，鐵匠拿着一條燒得通紅的鐵棒走近對方，再對準傷

口燙下去，那人登時發出慘烈的哀嚎。

原來那人被一隻染了狂犬病的野狼咬傷，當時人們還未了解這個病，也不清楚醫治方法。他們只好使用烙鐵，希望能燒壞對方身上的病魔。小小巴斯德看到那可怕的一幕，心有餘悸，其景象在他腦中縈繞不去。

葡萄、狂犬病、專注細節的敏銳觀察力，這些毫不相關的東西卻成了日後他在化學及微生物學研究上的重要契機。

巴斯德升上中學後，其科學才華終於展露出來，尤其在物理方面，曾多次獲取佳績。只是他不擅長數學，但仍決定迎難而上，參加輔導課，又主動當基礎班的小老師，希望透過教導別人以逼自己學習，之後其數學成績遂大為進步。

1843年，21歲的巴斯德成功入讀高等師範大學，攻讀化學和物理。畢業後，得到導師兼著名科學家——巴拉爾*的賞識，進入其研究室擔任助理，自此他就專心研究化學。

*安托萬·巴拉爾（Antoine Jérôme Balard），法國化學家，於1826年發現化學元素——溴。

巴斯德的研究課題是結晶的化學結構。他用顯微鏡觀察酒石酸結晶，發現某些晶體反射出來的光偏向不同。這事令他大為困惑，因為當時普遍認為酒石酸只有一種分子結構，反射光的偏向理應相同。於是，他大膽假設——酒石酸內含兩種或以上分子結構的晶體。

←目前已知酒石酸的分子結構有三種，其中一種主要存在於葡萄中，能影響葡萄酒的口感，也令酒產生深紅的色澤。

經過反復檢查和試驗，巴斯德終於證實自己的理論正確。當時，他興奮莫名，竟直接衝出實驗室，抓住一位路過的同事，緊緊擁抱對方，滔滔不絕地說出自己的發現。

是生是死？——發酵的真相

1854年9月初，巴斯德到里爾大學任教，並開始着手有關發酵的研究。據說事緣某天一位學生家長到訪，他是以甜菜發酵釀酒的酒廠老闆，但不知為何時常釀出變酸的酒。經兒子介紹，想請巴斯德能否解決問題。

巴斯德以顯微鏡觀察發酵汁液，看到正常的汁液裏有些圓形東西，而在有問題的汁液中卻是長條形的，他懷疑那就是令酒變酸的「真兇」。在做過多個實驗後，他得出結論：發酵出酒精的是酒精酵母，而令酒變酸的是長條形的**乳酸桿菌**，它會抑制酒精酵母生長，並發酵產生乳酸。此外，他更發現這些小東西能夠生長、繁殖分裂，是**微小的生命**！

其實，早於17世紀中期，科學家**列文虎克***以顯微鏡首次發現微生物時就見過酵母，但他沒將之當成生物。另外，以往化學家大多認為發酵只是一種**化學反應**，與生物無關。

*列文虎克（Antonie Philips van Leeuwenhoek），首位以顯微鏡觀察到微生物的荷蘭科學家，被稱為「微生物學之父」。

故此，當巴斯德提出酵母是生物時，某些化學家並不接受其論點而猛烈評擊。而他亦毫不服輸，此後雙方一度展開論戰。最後，巴斯德以其細心的觀察力找出真相，推翻了舊見解。

究竟甚麼是發酵？先來看看下圖：

↑發酵是一種微生物分解有機物的過程。以釀酒為例，當酵母菌吃掉糖分後，就會釋放出乙醇（酒精）和二氧化碳，從而製造出酒來。同樣，乳酸菌會使牛奶發酵變酸，製成乳酪。

巴斯德總算找出令酒變酸的原因，並建議酒

商勤於清洗釀酒的發酵槽，盡力避免其他細菌污染汁液。只是，他沒想到這研究卻牽起另一場風波。

絕不無中生有！——推翻「自然發生說」

自古以來，人們相信簡單生命體能從死物誕生，如肉腐壞後就會生出蛆蟲，或者蟲子從潮濕的泥裏誕生。他們認為死物和空氣中具有「生命力」，能孕育新生命，而且力量無處不在，由此逐漸發展出一套「自然發生說」。

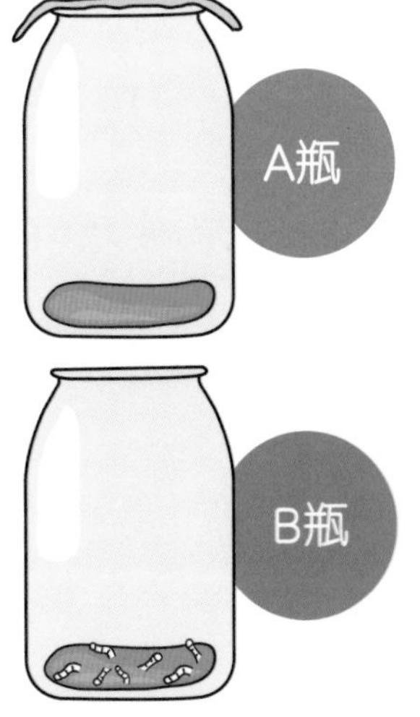

←關於腐肉生蛆，早於1668年意大利醫生弗朗切斯科．雷迪（Francesco Redi）已解開謎團。他在A和B兩個玻璃瓶中各放一塊肉，A瓶口覆上紗布，B瓶則無遮蔽，空氣可進入兩個瓶中。結果，只有B瓶的肉生蛆。這是因為蒼蠅只能進入B瓶中的肉上產卵，與空氣生命力完全無關。不過，這發現沒受到重視。

至19世紀，很多人仍然相信該說法。他們一口咬定發酵既然由微生物造成，那麼這些微生物該是從酒中誕生。不過，巴斯德並不同意。在他研究發酵時，看到只要杜絕空氣，並把反應物加熱到沸點，發酵就會停止。他認為瓶中的微生物已死，外面的微生物又無法進來，發酵才不能完成，「自然發生」根本是無稽之談。

這惹來自然發生說的重要支持者兼科學院院士——菲利斯．阿基米德．布謝（Félix-Archimède Pouchet）批評，他說以高溫破壞了酒中的「生命力」，才使發酵停止。此後，雙方展開了近乎對罵的爭論。

1862年，**法國科學院**提出雙方以實驗證明哪個論點正確。巴斯德先展開攻勢，他製造了一個形狀奇特的**燒瓶**，瓶頸拉長彎曲如鵝的

頸子，並做出著名的「鵝頸瓶實驗」。

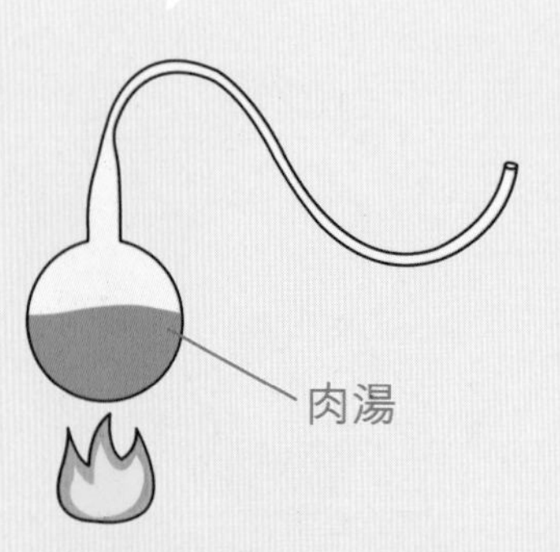

煮沸瓶中的肉湯，消滅裏面所有微生物。

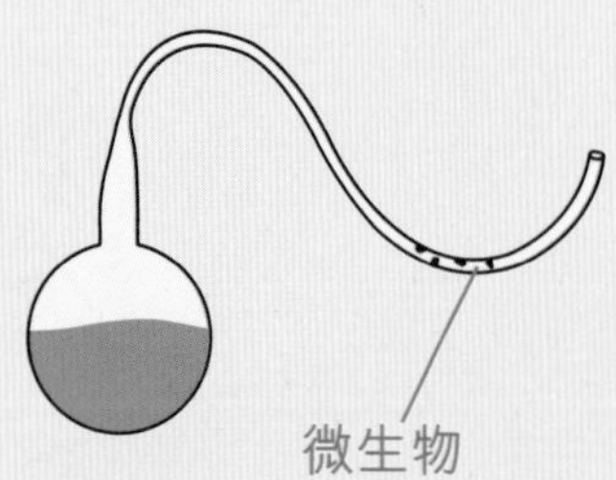

①由於瓶口開放，空氣可自由出入。肉湯冷卻後，微生物只黏附在瓶頸，無法到達肉湯中。

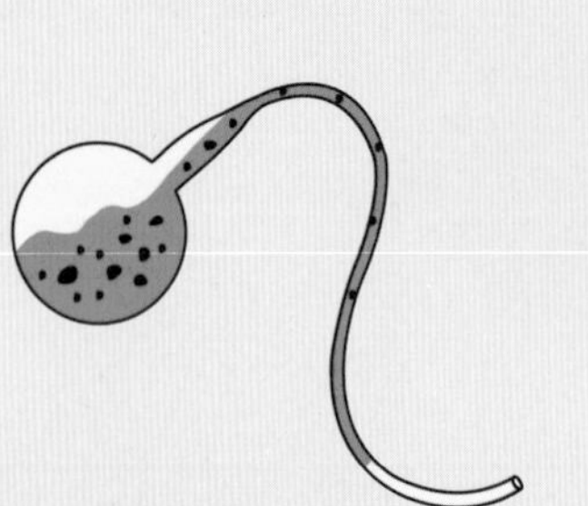

②若將瓶子側放，瓶頸中的微生物就可進入肉湯內滋生。

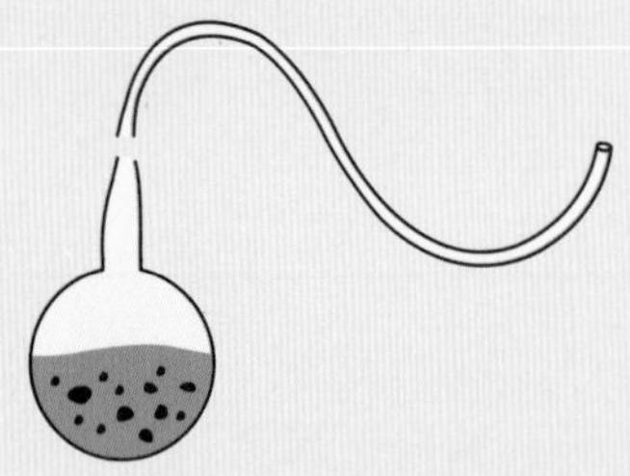

③如果折斷瓶頸，微生物便透過空氣直接進入肉湯。

這實驗足以證明若無微生物，就算肉湯與空氣接觸也不會發酵。不過，布謝等人並未屈服，以一個現在看來很可笑的觀點反駁，指出若空氣充滿微生物，那麼四周應該都被其遮擋而變得昏暗。面對質疑，巴斯德只提出空氣因應環境與氣候變化，使微生物積聚的情況有所不同。

於是，雙方到室外進行另一個實驗。他們帶着數十個裝有肉湯（布謝他們則用乾草浸成的液體）的鵝頸瓶，從繁囂的城市街道到渺無

人煙的山區，採集空氣樣本，為此巴斯德甚至登上阿爾卑斯山。

之後，對決開始。巴斯德利用山上的空氣進行發酵實驗，由於雪山的含菌量極低，液體都沒發酵。這時布謝認為對方的發酵實驗未夠嚴謹，要求重做，但評審拒絕。布謝等人認為如此對己方不公平，竟拂袖而去，留下巴斯德及其助手繼續完成剩餘部分。正因對手主動放棄，巴斯德得以僥倖獲勝。

說是「僥倖」，因為當時人們仍未知道，就算乾草浸液煮沸了也未必是無菌的。有些微生物能產生耐熱孢子保護自己，待溫度冷卻下來，就能重新活動和繁殖。

話雖如此，巴斯德推翻「自然發生說」，堅

持**生命來自生命**。從後世各種實驗論證來看，他暫時是對的。

風味絕佳——研發低溫消毒法

那場爭論令巴斯德的名聲與地位更上一層樓，也引起法國皇帝拿破崙三世的注意。他想請對方解決葡萄酒變質這個棘手難題。原來，酒廠釀出的酒常會變酸、變苦或淡而無味，令法國經濟蒙受極大損失。

1864年夏天，巴斯德回到故鄉阿爾布瓦，持續進行葡萄酒實驗。他認為變質與發酵一樣，都是細菌作祟，於是參考前人阿佩爾*保存食物的做法，嘗試加熱葡萄酒以達到殺菌效果。不過，高溫雖能消滅微生物，卻也破壞

*尼古拉．阿佩爾（Nicolas Appert），18至19世紀的法國廚師，也是罐頭的發明者。他將食物加熱後，密封於玻璃容器內，令食物不易變質，成為現今罐頭的雛形。

了酒味。巴斯德遂反復**調整溫度**，最後發現以大約50至60℃將酒**加熱**數十秒，就能殺菌又不影響酒的風味。

就這樣，他終於研發成功，並以自己的名字命名為「**巴斯德消毒法**」（Pasteurization）。

不過，危機仍未消除。由於酒商疑慮這種方法會令酒質下降，大都不願使用。於是，巴斯德先把數瓶葡萄酒分成兩組，一組經低溫煮製，另一組則沒有進行消毒，再將兩組葡萄酒封存數月，然後請各大酒商和葡萄酒專家品嘗。結果，經消毒的酒依舊芳香醇美，而沒消毒的酒卻變酸了，令大家心悅誠服。

後來，這種消毒法逐漸普及至世界各地。

時至今日，很多飲料和食物如牛奶、乳酪等都以此法消毒呢！

←現代的巴氏消毒法將牛奶以63至72℃加熱15至30秒，再立即冷卻至4至5℃，加以密封。在冷藏的環境下可保存數天。

以小見大——微生物作怪

微生物的影響力似乎**無遠弗屆**，連其他生物也不能避免。

1865年，巴斯德的一位恩師**杜馬***想請其解決**蠶蟲發病**的問題。當時，能出產生絲以製衣服的蠶蟲變得不大對勁，既不肯吃桑葉，身上更生出黑點，並迅速死亡，人們稱其「**微粒子病**」。

於是，巴斯德與其助手們再次出動，來到**法國南部**。但可笑的是他們並不懂蠶，甚至連**蠶繭**也未見過。當巴斯德初次看到白色的蠶

*尚-巴蒂斯特・安德烈・杜馬（Jean-Baptiste André Dumas）（1800-1884年），法國化學家。

繭時，就好奇地拿起一顆，放在耳邊搖動，問養蠶人：

為盡快解決困境，巴斯德專心研究蠶的各種特性，也到訪各個養蠶場，後來甚至建立自己的養蠶場，看清問題癥結。他發現病源來自一種寄生蟲「微孢子蟲」，它們主要透過病蠶的排泄物、受污染的養蠶工具、桑葉等傳染

其他蠶蟲和成年的蛾。一旦受到感染，就算是蠶蛾產下的卵也會被波及，誕下病蠶。有見及此，巴斯德果斷地將健康的蠶和病蠶分開飼養，並吩咐助手勤於清潔養蠶場，又教曉其他養蠶人使用顯微鏡，選擇健康的蠶飼養。這樣就能大大減低傳染機會，蠶寶寶便可保持健康了。

可惜好景不常，就在巴斯德對抗蠶病時，病魔也乘機侵襲。1868年10月19日早上，巴斯德感到極不舒服，並發覺左邊身體麻痹癱瘓。經醫生診斷，證實是腦出血中風。不過他沒放棄，躺在床上向助手作出指示，直到情況逐漸好轉，才親自繼續研究。

另一方面，他看見這些肉眼無法看見的微小

生命有時對其他生物帶來壞影響，便想到它們對人體同樣可能構成威脅。

當時，他已逐漸從化學和微生物學跨入醫學的領域。1870年，普法戰爭*爆發，法國士兵死傷無數，而且很多人在救援時就死去，巴斯德慢慢察覺到那可能與細菌感染有關。無獨有偶，英國的一位醫生李斯特*也有同樣想法，他提倡醫護人員做手術前須清潔雙

*普法戰爭，普魯士（現今德國）和法國為爭奪歐洲霸權而爆發的戰爭。

*約瑟夫·李斯特（Joseph Lister）(1827-1912)，英國外科醫生，被譽為外科手術消毒技術的開創者。

手，手術用品要徹底消毒，並噴灑消毒劑，防止細菌感染。兩人於1874年起曾多次通信，討論手術中的滅菌方法。

另外，巴斯德在對抗微生物威脅的過程中，也研製出多款疫苗。

1879年，法國爆發雞瘟，大量雞隻死亡，令農民損失慘重。巴斯德在顯微鏡下，觀察到一種極微小的家禽霍亂菌，並發現將細菌暴露於空氣或置於高溫環境，便能減低毒素。只要把處理過的細菌接種到雞隻身上，就能讓雞獲得免疫力。後來他研究牛碳疽時，也採用類似方式，將炭疽桿菌放在約45℃的環境培養，令其毒性變小，製造疫苗。

為展示成果，1881年春天，巴斯德以50隻牛羊進行**公開實驗**。先將動物分成兩組，一組注射疫苗，另一組則沒有，再對所有牛羊注射**炭疽桿菌**。數天後，沒接種疫苗的牛羊幾乎全死掉了，而那些有疫苗抗體的則在悠閒地

吃草。公眾終於相信疫苗功效，巴斯德在微生物戰役中再勝一仗！

除了雞瘟和動物碳疽，據說巴斯德還一直關注**狂犬病**，原因可能與小時候看到治療這個

病的可怕景象有關。

顧名思義，當人被染病動物（主要是狗）咬傷後就會得病，其致病來源並非細菌或寄生蟲，而是更細小的病毒。巴斯德及其助手參照以往的方法，利用染病的動物反復實驗，將充滿病毒的腦髓置於開口玻璃瓶內，直接讓空氣減弱其毒性，由此成功製造出疫苗。

1885年7月，一個名叫約瑟夫・邁斯特的9歲男孩被瘋狗咬傷，可能感染狂犬病，其父母請求巴斯德醫治。

巴斯德在兩個醫生的見證下，為男孩注射疫苗。經過

長期觀察，男孩沒有發病，間接證明疫苗對人體有效。同年10月，他再次用疫苗救回一名15歲男童。消息傳出後，一些懷疑感染狂犬病的外國人都不辭勞苦來到法國請他醫治。在他接二連三擊退致病的微生物後，其名聲傳至世界各地了。

1888年，「巴斯德研究院」成立，致力於生物、疾病與疫苗研究，多年來培養大量傑出人材。1895年9月28日，巴斯德病逝，法國政府為其舉行國葬，對這位大半生與微生物打交道的科學家致敬。

所謂微生物，就是肉眼難以觀察的生物總稱，如細菌、真菌、病毒等。它們幫助人類發酵釀酒、製造食物，亦令他們患上致命的疾病。巴斯德確認這些微小生命與人類之間的關係，奠定**微生物學**的基礎。雖然他許多研究並非首創，卻能承接前人的理論，以細緻的觀察力看清問題，然後專注於試驗，成功讓假設變成經得起考驗的實證。正如他所說：「**在實驗的領域中，機會只留給那些準備好的人。**」

科學的魔術師

愛迪生

「當我確定那件事值得**爭取**，我就會去爭取，並一直**嘗試**下去，直至成功為止。」說過這番話的愛迪生曾發明許多影響世界的東西，例如留聲機、活動電影放映機等，又改良白熾燈，使其更耐用，這些都是在他反復試驗下的產品。他不厭其煩地做實驗去了解物件的運作是否可行，而且**樂此不疲**，這在他小時候已可見一斑。

輸在起跑線卻不服輸的童年

1847年2月11日，湯瑪斯·阿爾瓦·愛迪生（Thomas Alva Edison）於美國俄亥俄州米蘭鎮出生。他自小已有強烈的好奇心，遇事必問。有次他看到一隻鵝在孵蛋，就問媽媽南茜：「媽媽，為甚麼那隻鵝坐在蛋上的？」

南茜答道：「因為要孵出牠的鵝寶寶啊。」

愛迪生為知道事情真假，竟找來數枚雞蛋和鵝蛋，直接蜷縮身

體躺在蛋上。

不過，學校的老師卻常被他的「無聊」問題弄得**頭痛不已**，加上他常常不顧危險地試驗東西和捉弄別人。在師長眼中，愛迪生成了愛惹麻煩的**搗蛋鬼**，很快就將他趕出校。結

果，媽媽南茜惟有親自教導，但愛迪生並沒放棄**探求事物**的行動，依舊在家中做實驗。

由於愛迪生家貧，為**維持生計**，自12歲就要出外工作。當時他在火車做**報童**，兼向乘客售賣三明治、糖果等食物。在車長同意下，愛迪生可到火車的**貨車廂角落**做他最愛的實驗。

豈料好景不常，有次他對化學品處理不慎，差點燒毀了整個車廂。據說當時車長慌忙撲滅火後，**怒不可遏**，狠狠向愛迪生摑了幾巴掌，之後他的耳朵就有點**聾**了。

不過，愛迪生又說過另一個版本。

某天，他走到月台正忙着賣報紙，碰巧火車漸漸開動。於是他不顧一切，拚命追趕。

正當他跑近車門時，車長急忙從車內伸出手來，一手抓住他的耳朵，把他扯進車內。

當時愛迪生感到腦袋裏好像有些東西斷掉，之後耳朵也漸漸聽不清楚了。

究竟事實為何，恐怕連愛迪生自己也說不清。不過，聽覺障礙並沒妨礙他的生活，反而令他後來當上**電報員**時工作得更好。因為聽不到外界的雜音，使他能一心一意打電報。其間，愛迪生仍努力做**各項實驗**和**閱讀大量書籍**，也發明過一些物品。後來他乾脆辭掉工作，專心投入發明，成為專職的**發明家**。

聲價十倍——留聲機的誕生

1870年，33歲的愛迪生與別人合夥，成立「通用電訊公司」。6年後，他在新澤西的門洛帕克*（Menlo Park）設立實驗室（這亦是世界第一個工業研究所），並舉家遷至當地。

當時，愛迪生正專注研究一種新通訊設備——電話，希望做到錄製和播放電話訊息的方法。

既然可以通話，那可否記錄人聲呢？

*門洛帕克：美國新澤西州一個市鎮內的社區。1954年，為記念愛迪生，該鎮易命為Edison Township。

某天，他在一塊振膜（一種感應聲波振動的工具）底部黏上一根針，針下放了一張蠟紙，然後一邊對着振膜大喊，一邊轉動蠟紙。這時，振膜受聲音影響而振動，並令針在蠟紙刻上細紋。當他試着拉回蠟紙，針就會依着細紋振動，影響振膜，便發出了原先的聲音。

這次實驗令愛迪生找出錄音方法，之後與助手用各種材料反復試驗。1877年12月4日，愛迪生看着面前的試驗品，興奮地說：「用錫箔包在滾筒上，再讓針貼住滾筒。然後一邊轉動滾筒，一邊說話，就能讓針將聲音刻在上面了！來試試吧！」

愛迪生對着說話筒，大聲唱道：「瑪莉有隻小綿羊，小綿羊，小綿羊~」

唱完後，他調整另一面的針，再轉動滾筒，「瑪莉有隻小綿羊……」的聲音就在空氣中飄揚。

就這樣，**留聲機**誕生了。報章雜誌都爭相報道這件新產品，而愛迪生亦得到一個稱號——門洛帕克的魔術師。

新的方向——
製造便宜耐用的白熾燈

自留聲機發明後，愛迪生成了名人，很多記者前來邀約訪談。1878年9月，他獲邀到實業家威廉．華萊士的蒸汽發電機工廠參觀。當時他非常興奮，對各種機器東看看，西摸摸，更見到傳聞中的弧光燈。

事後愛迪生對記者說……

他大膽宣佈自己已想出如何製造更好更耐用的電燈，以及設計一套供電系統，足以照亮整個曼哈頓下城區，以代替舊式的煤氣燈和刺眼的弧光燈。為增加宣傳效果，他在10月接見記者時展示所謂的新電燈樣本，記者對其發出柔和的燈光大為驚歎。只是愛迪生並沒說出那燈泡只能維持2小時，根本毫無用處的事實。

現在，先來說一說甚麼是煤氣燈和弧光燈，看看下圖——

煤氣燈

那是一種燃燒煤氣達至發光的燈，早於18世紀初，英美等地都有使用，多用於街燈。後來在大廈內鋪設管道輸送煤氣，就能在室內使用。

早期煤氣燈須由人獨立點燃、熄滅和清潔燈罩。其燈火不穩定，與蠟燭一般閃爍搖曳。另外，燃燒煤氣釋出的氨和硫會燻黑燈罩，弄髒室內陳設。同時，也有洩漏煤氣的危險。

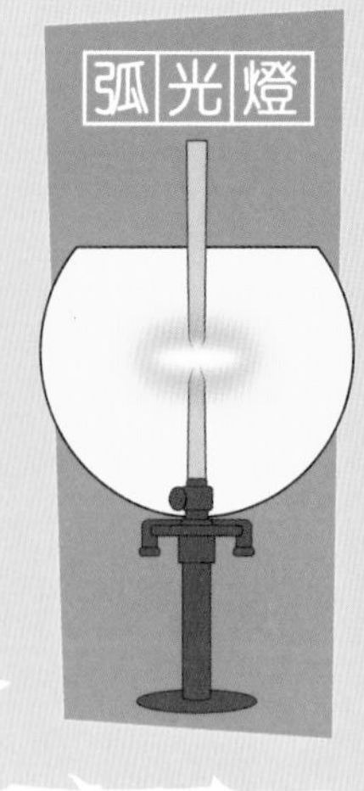

由化學家漢弗里．戴維發明，於1809年展示試驗。先準備兩根細木炭棒，並在其中一根通電，當另一根木炭棒接近時，電流通過，產生極亮的弧光。

不過，其燈光較刺眼，而且也出現閃爍，同時發出嘶嘶的聲音，頗為吵耳。

愛迪生看出兩種燈的缺點，才想造出更好用、更便宜的電燈。不過，研發過程並不簡單，當中最困難的莫過於找出合適物料製造燈絲。在愛迪生的設計裏，燈絲必須是高電阻物料，且能耐燒，以減省成本。

當時他與助手們不停測試了成百上千的物料，包括各種金屬如白金、鉻、鋼、金等，還有不同類型的纖維。後來，他們發現碳化纖維較好，於是集中將各種纖維燒成碳，甚至試過用鬍鬚。

1879年10月21日凌晨，愛迪生他們將**棉線**化成碳進行實驗，結果通電後的燈泡發出的光越來越亮，並持續照亮了14個半小時。之後，愛迪生亦為碳燈絲申請**專利***。

*專利：當有人創作了新的物品後向政府申請的權益，具有法律效力，可在某時期內獨享利益。

愛迪生的白熾燈構造

當燈泡通電後，電阻會把燈絲加熱至白熾（即向物體施加能量，使其溫度上升，直到產生可見光）。

玻璃燈罩

燈泡內的真空度愈高，燈絲燃燒時就愈亮。因為內部真空能防止燈絲燃燒時氧化斷裂。

燈絲

屬高電阻的物料，減少電通過燈泡，以降低成本。

*現代的白熾燈以鎢為燈絲，燈泡內注入了氮、氬等氣體，這些氣體不會與鎢產生化學作用，有助延長電燈的壽命。

愛迪生所造的燈絲原為馬蹄形，但當他申請專利時，其說明圖中的燈絲卻是螺旋形的。

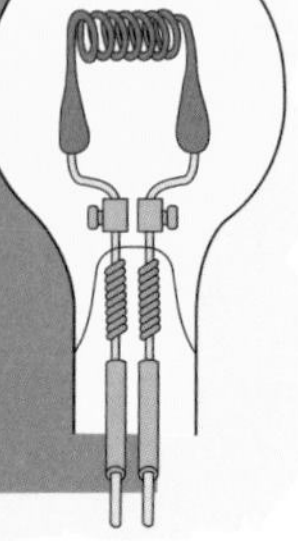

只是，愛迪生對此並未滿足。他要造出使用時數更長的燈泡，於是與助手進行各種試驗，並發現竹子更佳。經過不斷改良，終於製造出可照亮超過數百小時的燈泡。

除了燈泡，愛迪生還需解決供電問題，其中鋪電線會花掉供電系統不少成本。

另外，為減省成本，他決定採用低電壓的直流電，並設計一套支線電網。當電從中央發電機輸出後，流經一條粗銅線，然後分別進入多條幼細的支線，再從那些支線流入其他連着燈泡的小支線，其原理與現今的並聯電路如出一轍。

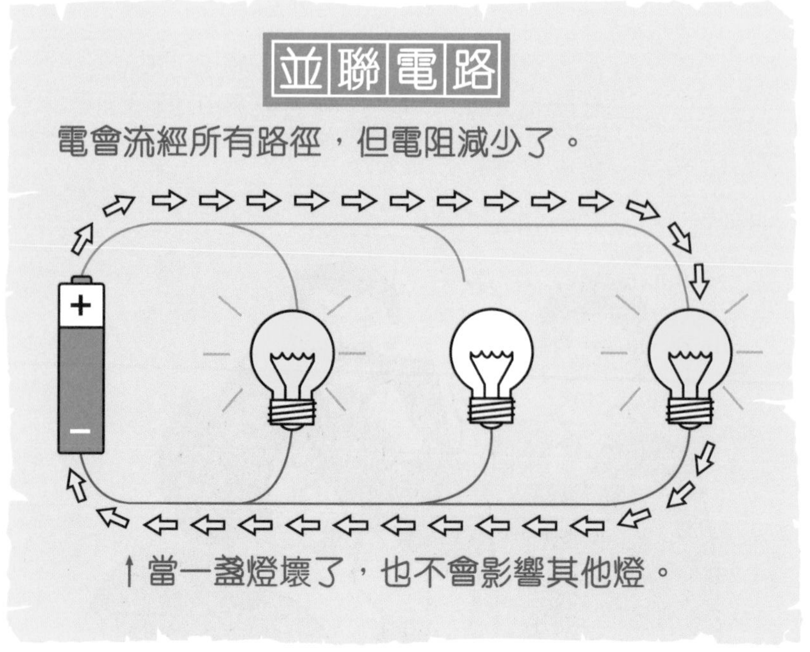

電流**難分輸送**，配合高電阻的電燈，這樣就毋須架設太多昂貴的粗電線，**成本**便能大大降低了。

另外，所謂「直流電」是指電只會朝一個方向流動。低電壓的直流電通常較**安全**，就

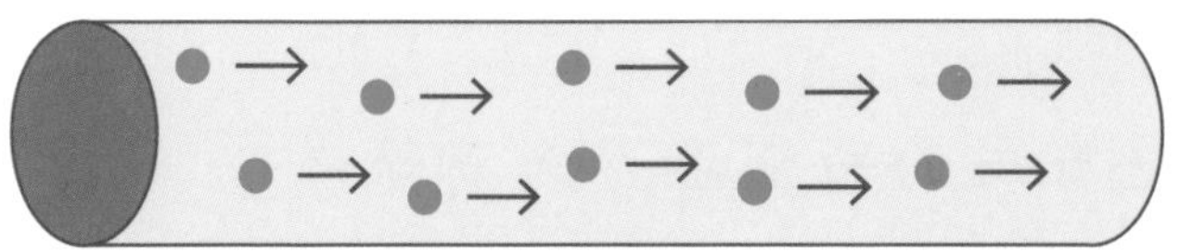

↑電流是指電子的流動，直流電的電子只會朝一個方向流動。

算人觸電也不會輕易被電死。不過，它無法**長距離傳輸**，其供電範圍僅半英里（不足1公里）。所以，須在各處建立中繼發電站，或直接為用家安裝獨立發電系統。

大放異采——照亮曼哈頓

1880年，自愛迪生誇下海口，說要照亮曼哈頓的豪言已過了2年。公眾和投資者仍未見到完整有用的新電燈，漸漸等得不耐煩，開始質疑他製造完善照明設備的能力。

當時愛迪生一方面忙於準備各項工作，另一方面亦要遊說不滿的投資者繼續注資。面對多方壓力，他仍樂觀處事，加快進度，解決各種困難。他日以繼夜地工作，幾乎忘卻了休息。

到了12月，為安撫各界以及爭取政商界支持，愛迪生邀請紐約市議員、投資者、記者等，到門洛帕克參觀他的電力系統，並在實驗室附近架起多盞白熾燈。在柔和的燈光與美酒佳餚下，終於成功挽回大家對他的信心。

愛迪生的下一步就是為紐約曼哈頓下城區「改頭換面」。1881年，他帶着門洛帕克的主要工作夥伴搬回紐約，開始為當地建造照明系統。

他手下的工人挖開地面，鋪設地下線路，避開了地上雜亂無章的其他電線。

↑工人在鋪設地下電線。1880年代的美國大都市中，地面通常架設無數電線杆，街道和大廈外牆都拉起了密密麻麻、縱橫交錯的電線，當中主要是工廠電線、電話線、電報線等。

及後，愛迪生於珍珠街設置中央發電機，建造了美國第一座都市中央發電站。

1882年8月，工人終於完成鋪設14英里的地下線路。

到9月4日，愛迪生及其公司董事、投資者，還有一眾記者，齊集在華爾街的摩根大樓辦公室，宣佈愛迪生電力公司正式啟動。下午3點，當愛迪生開燈掣時，電燈都亮起來了！

那一刻，眾人都在歡呼，數年來的辛勞與投資終於得到回報。而愛迪生則對記者淡淡說了一句：「我兌現我的承諾了。」

愛迪生的發明品都是經過他及其團隊進行無數次嘗試，才能成功研製出來，符合了其名言：「天才就是百分之一的靈感加上百分之九十九的汗水。」他的白熾燈令世界震驚，其低壓直流電系統在當時一度處於主流地位。

不過，故事還未完結，一個厲害的對手將悄然而起，挑戰這位科學魔術師的權威。而愛迪生也將無所不用其極，甚至以殘忍的手段去反擊！

究竟這個對手是誰？請留意第二集《誰改變了世界？》內的「被世人遺忘的電學奇才」！

「鐳」的研究者

瑪麗·居禮

癌症對人類是一大威脅，全球每年有數以百萬計的人因這病而死亡。在現今治療癌症的方式中，有一種稱為**放射性治療**，即以放射性物質發出的高輻射能量殺滅癌細胞，而最初使用的物質就是元素「**鐳**」。

鐳於19世紀末被發現，發現者是法籍波蘭裔科學家——**瑪麗亞·斯克沃多夫斯卡·居禮**（Marie Skłodowska Curie），通稱「瑪麗·居禮」，以及其丈夫**彼耶·居禮**（Pierre Curie）。

兩人因其研究成果獲得諾貝爾獎，而瑪麗自身更曾兩度獲獎。1911年，她第二次遠赴瑞典，從瑞典國王手中接過獎章。那時代的瑪麗身為女性，只有加倍努力，才能在男性主導的科學界上立足。不過，究竟她奮鬥到何種程度，才能得到如此矚目的成就呢？

少女情懷

1867年11月7日，瑪麗於波蘭華沙出生。她是家中最小的女兒，上有四個兄姊，父親是教師，教授數學及物理。而母親也是教育工作者，曾在一所女子寄宿學校工作。

早於18世紀後期，波蘭被歐洲列強普魯士（現今德國）、奧地利帝國與俄羅斯帝國瓜分，自此華沙成為俄羅斯的佔領地，並實施嚴厲的俄羅斯化政策。當時，學校須以俄語授課，學生不得學習家鄉語言。雖然許多波蘭人在多方面受到壓迫，但他們並未屈服，瑪麗與同學就時常悄悄學習波蘭文。而通曉多國語言的父親更在家中將各國文學譯成波蘭語，向子女**朗讀**。

瑪麗自幼學習認真，也有過人的記憶力。她以第一名成績於中學畢業後，便與姊姊布蘭尼亞一邊到「流動大學」*上課，學習解剖學、

*出自英國作家狄更斯的名著《雙城記》。

*那是在華沙私人住所舉辦的地下女性自修課程，因那時代該地禁止女性接受大學教育，「流動大學」由此興起。

自然科學、社會學等，一邊擔任家庭教師糊口，並籌措資金到外國的大學學習。

1885年，布蘭尼亞先到巴黎大學攻讀醫學，瑪麗為支援姊姊，就更賣力工作。次年，19歲的瑪麗到普薩尼茲近郊的佐洛斯基家擔任家庭教師，其間還教導一群農民孩子讀書識字。同時，百忙中她仍努力自學，每晚都閱讀許多社會學、物理學等的書籍，逐漸將興趣轉向科學方面。

夏天，佐洛斯基家的長子卡茲米*從華沙大學回家度假，被才華出眾的瑪麗深深吸引，瑪麗亦是一見傾心。結果，兩人墮入愛河，甚至談婚論嫁，但事情並沒那麼順利。

由於男方父母嫌棄瑪麗貧窮，極力反對婚

*卡茲米·佐洛斯基 (Kazimierz Żorawski) (1866-1953)，波蘭數學家。

事。卡茲米逼於壓力，最終彼此**分手收場**。

傷心的瑪麗離開了佐洛斯基家，回到華沙。1891年，她儲夠了錢，就遠赴法國的巴黎索本大學攻讀數學與物理。

瑪麗初到巴黎，寄住在姊姊布蘭尼亞及姊夫卡西米亞家中。後來，她搬到一所與學校相近又租金便宜的房子閣樓。不過，那裏環境惡劣，亦無熱氣和自來水，每天要到樓下打水和將一桶桶木炭碎抬回家以生火。

當時，科學系近二千名學生中只有23名女性，瑪麗是其中之一。要脫穎而出，她幾乎將所有時間都放在課業上，每天只睡數小時，再到學校上課，或在圖書館和家中唸書。另外，為節省時間和金錢，她通常不會煮食，每餐僅靠一塊肉片或麵包充飢，但這令她變得虛弱，某天更在學校昏倒了。得悉事情的姊夫二話不說將瑪麗帶回診所檢查，並由姊姊悉心照顧，她才逐漸回復健康。

身體雖受「折磨」，但其努力總算沒白費。1893年，瑪麗獲得物理考試第一名，次年又以第二名通過數學考試。及後獲教授推薦，替法國民族工業促進會研究鋼鐵磁力的特性。其間，經另一教授介紹，瑪麗認識了物理學家皮耶．居禮。

他們一見如故，互相傾慕。1895年7月，二人共偕連理。從此，瑪麗亞．斯克沃多夫斯卡就成為居禮夫人。

發現輻射與新元素

婚後，瑪麗努力學習**烹飪**，照顧丈夫的起居飲食；又考取中學教員文憑，以便在學校工作，**增加收入**。兩年後，大女兒伊雷娜出生了。不過，她並沒因照顧家庭而停下腳步，反而決定考取**博士學位**，為此需決定研究課題。

1895年，**倫琴***發現X射線（即X光），引起科學界極大關注。而貝可勒爾*在翌年以一種磷光物料測試X射線時，則發現另一種**射線**。於是，瑪麗就以該射線為主題，探究其性質與來源。

她利用丈夫設計的靜電計，測量**鈾礦物**產

*威廉．倫琴（Wilhelm Conrad Rontgen）（1845-1923），德國物理學家，因發現X射線而獲首屆諾貝爾物理獎。

*亨利．貝可勒爾（Henri Becquerel）（1852-1908），法國物理學家。

生的電流變化，發現它周圍的空氣能導電，其強度與測試樣本中的含量成正比。瑪麗推斷這種射線從鈾本身發出，而非由其他元素或外在環境影響造成。當時她與彼耶商量，將這射線能量命名為「放射能」或「輻射能」（radiation）。

當瑪麗進一步測試其他礦物時，就發現一件怪事。她在某些鈾和釷化合物中，測出比其本身強烈數倍的**輻射**。初時她以為計算錯誤，遂反復實驗，但結果始終不變。經仔細推敲，瑪麗提出一項大膽**假設**，就是礦物中含有其他極少量、輻射更強的物質！

這時，彼耶中斷自己的研究協助妻子。兩人**日以繼夜**地實驗，從瀝青鈾礦抽離各種元素，測量其輻射量。當其他元素逐一被排除在外，真相漸漸顯露出來。

1898年7月，居禮夫婦提交研究報告，宣佈發現一種新元素，稱為「**釙**」（polonium），以紀念瑪麗的祖國波蘭（Poland）。同年12月，二人再發現另一新元素，命名為「**鐳**」

（radium），具有「放射性」的意思。

一鈾（uranium）是首個已知的放射性元素。20世紀初期，人們以其製造玻璃釉料。圖中的含鈾玻璃受紫外光照射時，就會發出綠色熒光。

Photo Credit: "Uranium Glass under UV" by GorissM / CC BY-SA 2.0

雖然他們從理論上發現新元素，但未有正式實物展現人前，許多科學家並未信服。於是，二人嘗試提煉鐳和釙。可是兩種元素含量稀少且難以提煉，究竟有多困難？來看看其經過吧！

當時，他們透過一位同事介紹，從奧地利的礦山購得數噸瀝青鈾礦廢渣。彼耶亦獲巴黎物理化學工業學校校長批准，在一個廢棄倉庫做實驗。只是，那裏非常簡陋，下雨時更會漏雨，所幸地方夠大，足以放置大量廢渣。

化工廠事先將廢渣沖洗和處理，製成溴化物。然後，瑪麗將它們逐小分餾，慢慢濃縮成鐳化合物。

經過四年努力，1902年他們終於從近10噸的瀝青鈾礦殘渣，提煉出僅0.1克的氯化鐳，證實這新元素存在。由於他們認為不可用

此牟利，故沒申請專利，反而將成果公開。

1903年，瑪麗取得博士學位。同年12月，居禮夫婦與亨利．貝可勒爾因發現輻射，一同獲得**諾貝爾物理獎**。夫婦二人共分得一半獎金，這對長期研究資金不足的他們可說**久旱逢甘露**呢。

後來，兩人聯同醫學家研究出鐳的輻射能殺死癌細胞，將之應用於醫療，稱為「**居禮療法**」，成為放射性治療的雛形。此後多年，鐳一度成為時髦產品，商人宣稱該物質能醫百病，推出含有鐳化合物的治療瓶、濾水器，甚至是化妝品。然而，當時人們還未知接觸大量輻射會引發**細胞突變**，產生惡性腫瘤，也就是癌。

用於對付癌症的鐳卻能引致癌症，實在是一

大諷刺！

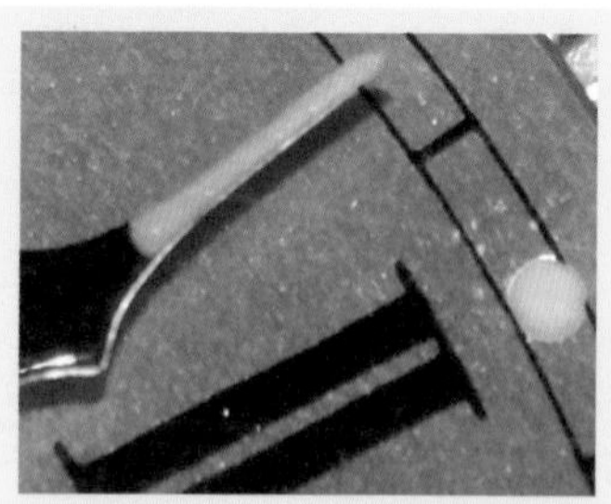

↑鐳在20世紀初期應用於各方面，如圖中手錶的指針塗上了鐳，在黑暗中會發出藍綠色的光。

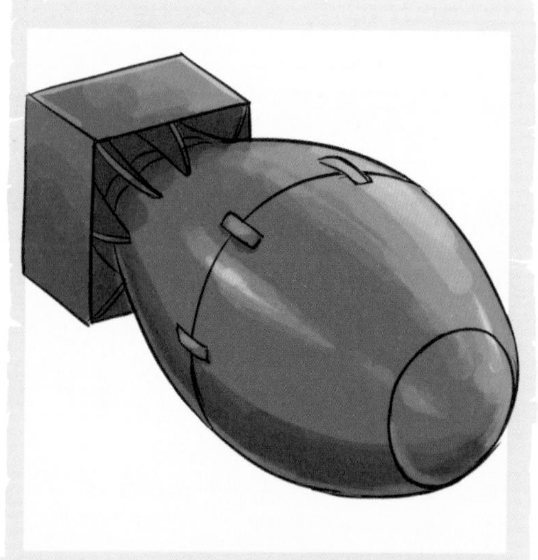

就在瑪麗發表研究不久，德國化學家馬克瓦爾德(Willy Marckwald) 宣稱分離出3毫克的新元素，稱為「放射碲」。瑪麗看過其報告，就立即進行測試，卻發現那根本是釙，如此一來反而證實了該元素的存在。

釙的放射性極強，會釋放大量熱能，對人體而言是劇毒，非常危險。它曾用於製造原子彈的彈芯起爆材料，例如在第二次世界大戰炸毀日本長崎的原子彈「胖子」，令超過三萬人直接死於爆炸，另有數以萬計的民眾因核彈釋出大量輻射而患病身亡。

變故橫生

1904年，彼耶成為巴黎大學理學院教授，並獲得一所實驗室。而瑪麗則擔當實驗室主任，得到正式地位和薪金，生活變得較寬裕。同年12月，次女伊芙出生。之後，夫婦二人繼續埋首於科學研究之中。

一切看似順利，誰也預料不到悲劇會驟然到來……

1906年4月19日，陰暗的天空下起大雨，彼耶撐着傘走在巴黎的街道上。當他轉到一個十字街角時，突然，一輛馬車疾馳而過，一匹馬擦過他的身體。同時彼耶腳下一滑，令他倒向馬車中間。剎那間，後輪隨即滾來，輾過了其頭顱，彼耶·居禮**當場斃命**。

「彼耶死了？死了？真的死了？」瑪麗得悉**噩耗**後，只茫然地反問。直至她看見丈夫的遺體以及前來弔唁的親屬，眼淚終於潸潸流下來。

喪禮辦得簡單低調，其間居禮的親族好友與大學當局商量瑪麗的去向，最後大學決定由她接任丈夫的職位，並由彼耶的父親老居禮先生詢問其意向。經過深思熟慮後，她表示願意一試。

於是，1906年5月居禮夫人擔當法國大學的講師，亦成為大學首位女教授。

此後，她身兼科學家、教師、母親數職。雖然兩個女兒多由親戚和家庭教師照料，彼此相處時間很少，但瑪麗仍盡量抽時間看望她們，甚至一度與同事制定教育計劃，為伊雷娜及其他小孩上課。

另一方面，她繼續從事放射性物質及輻射研究，從瀝青鈾礦提煉出更純淨的金屬鐳。

同時，鑑於鐳太稀少，一般方式無法量度其質量，於是她與實驗室人員以鐳發出的輻射量作測試，成功制定一套**測量**鐳分量的方法。

1911年，瑪麗獲頒**諾貝爾化學獎**，表揚其發現新元素及研究鐳的貢獻。她是首位獲得該獎的女性*，亦是首位且極少數得到**雙重領域**（物理及化學）諾貝爾獎的人。她在姊姊布蘭尼亞和女兒伊雷娜陪同下，往瑞典領獎。

1913年，瑪麗決定將鐳的原始樣本送到**國**

*順帶一提，第二位獲得諾貝爾化學獎的女性就是她的女兒伊雷娜（1935年與其丈夫一起獲獎）。

際度量衡局，協助對該物質訂定量度標準。其後，她獲巴斯德研究院及巴黎大學資助，成立鐳學研究所，致力發展其研究與應用。

研究所在1914年7月落成，但她卻沒表現得太高興，因混亂的陰霾已籠罩整個歐洲。月尾，**第一次世界大戰**爆發，德國向法國正式宣戰。

戰地救援

8月天氣十分炎熱，巴黎卻因戰事而顯得一片**肅殺**。大部分男人已親赴戰場，包括研究所成員，只剩下瑪麗和一個因病未能參軍的機工，實驗室變得**空蕩蕩**的。同時，家中亦沒有其他人了。鑒於局勢愈來愈**嚴峻**，瑪麗事先將女兒送往法國西部的布列塔尼，自己則留守巴黎。

當瑪麗想到德軍將攻打過來，就愈發不安，如果那數克鐳落入敵方手中就**不堪設想**。於是，她決定親自將鐳送到戰線後方。

9月3日，她提着一個大手提皮箱來到火車

站，登上前往波爾多的列車。箱中裝了數支以鉛包裹的試管，裏面是法國所有鐳化合物。經過一日一夜，她到達了目的地，將鐳存於保險庫後，就直接乘火車回巴黎。

戰事爆發，瑪麗認為X光有助醫生在中彈受傷的士兵體內找出碎片位置，就到各處實驗室找出多部X光機，運到醫院。後來想到有些傷患來不及送院，加上某些地方電力供應困難，無法使用機器。她靈機一觸，將X光機和發電機安裝到車上，靠車子的摩打發電，這樣便可將儀器四處搬動。

在法國婦女協會幫助下，多輛X光治療車終於製成，奔赴各個戰場檢查傷兵，效果甚佳。若駕駛員不在，她甚至會親自駕車。

同時，為增加人手，瑪麗教導其他女士運用機器。

後來，瑪麗見局勢漸趨穩定，就將兩個女兒接回來，**一家團聚**。當時，18歲的伊雷娜也幫忙用X光機檢查傷兵。

數年間，她們救助過很多人。

到1918年大戰結束，瑪麗**功成身退**，便回研究所繼續工作。

最後的光芒

1920年，一位叫梅洛尼的婦人來到鐳學研究所。她是美國一本雜誌的編輯，因對瑪麗的事跡很感興趣，就親赴巴黎訪問對方。

其間瑪麗抱怨鐳提煉困難，價格非常高昂，自己又十分貧困，連一克鐳都買不起。梅洛尼夫人就提議組織籌款委員會，向其美國同胞籌錢以購買鐳相贈。

經過一年時間，她真的籌得10萬美元去購買鐳，之後邀請瑪麗到美國接受餽贈。

1921年5月，居禮夫人與女兒們乘上郵輪，前往紐約。當地民眾夾道歡迎，她參觀了

實驗室和博物館，又在各大學**演講**，更獲邀到白宮與總統**沃倫・哈定**見面。當然，旅程中最重要的就是接受那一克珍貴無比的鐳了。

此後，瑪麗聲望日隆，1922年當選**法國科學院院士**，又到各地演說，還撰寫自傳以及丈夫的傳記。

可惜，她的身體愈來愈差，最終於1934年7月4日病逝。醫生推斷死於再生不良惡性貧血，那是由於長年累月接觸輻射所造成。其私人物品如論文因含有大量輻射，至今仍藏於鉛製盒子隔離，查閱者都須穿上防護服。

1995年，法國政府將居禮夫婦的骨灰移葬至先賢祠*，瑪麗成為首位因自身成就而歸葬那裏的女性。

瑪麗．居禮在實驗室度過大部分時光，踏實地進行研究，最終獲得超越男性的成就。她與丈夫彼耶．居禮一生不逐名利，只為改善世界而努力，在傳記《居禮傳》就引述了彼耶的話道：「若不改進個人修為，你無法期望這世界會進步。所以，我們每個人必須不斷精進，

＊法國名人的安葬地，大仲馬、雨果等人皆葬於該處。

同時替全人類分擔基本的責任，那就是盡己所能，幫助那些有需要的人。」

4個科學先驅的故事

編撰 / 盧冠麟　繪畫 / 阿Ｋ　科學插圖 / 葉承志
策劃 / 厲河
封面設計 / 葉承志
內文設計 / 葉承志、麥國龍、黃卓榮　編輯 / 郭天寶

出版
匯識教育有限公司
香港柴灣祥利街9號祥利工業大廈2樓A室

承印
天虹印刷有限公司
香港九龍新蒲崗大有街26-28號3-4樓

發行
同德書報有限公司
九龍官塘大業街34號楊耀松（第五）工業大廈地下
電話：(852)3551 3388　傳真：(852)3551 3300

台灣地區經銷商
大風文創股份有限公司
電話：(886)2-2218-0701　傳真：(886)2-2218-0704
地址：新北市新店區中正路499號4樓

第一次印刷發行　2019年10月

正文社網上書店

www.rightman.net

兒童的科學網站

www.children-science.com

兒童的科學

ISBN：978-988-79705-3-8
港幣定價 HK$60　台幣定價 NT$270

若發現本書缺頁或破損，
請致電25158787與本社聯絡。

兒童的科學 趣味手工書

已經出版

每本書收錄 10 個手工，包括物理、曆法、機械、天文、動物等範疇。大家在做手工時，可從中學會科學原理！

大偵探福爾摩斯系列
現正全城熱賣！